BEI GRIN MACHT SICH IHR WISSEN BEZAHLT

Lisa Hombaum

Mathematik 1. Klasse: Ordnungszahlen

GRIN Verlag

Bibliografische Information der Deutschen Nationalbibliothek:

Die Deutsche Bibliothek verzeichnet diese Publikation in der Deutschen National-
bibliografie; detaillierte bibliografische Daten sind im Internet über http://dnb.d-
nb.de/ abrufbar.

Impressum:

Copyright © 2009 GRIN Verlag, Open Publishing GmbH
Druck und Bindung: Books on Demand GmbH, Norderstedt Germany
ISBN: 978-3-640-95771-2

Dieses Buch bei GRIN:

http://www.grin.com/de/e-book/173307/mathematik-1-klasse-ordnungszahlen

GRIN - Your knowledge has value

Der GRIN Verlag publiziert seit 1998 wissenschaftliche Arbeiten von Studenten, Hochschullehrern und anderen Akademikern als eBook und gedrucktes Buch. Die Verlagswebsite www.grin.com ist die ideale Plattform zur Veröffentlichung von Hausarbeiten, Abschlussarbeiten, wissenschaftlichen Aufsätzen, Dissertationen und Fachbüchern.

Besuchen Sie uns im Internet:

http://www.grin.com/

http://www.facebook.com/grincom

http://www.twitter.com/grin_com

Dokumentation eines eigenständigen Unterrichtsversuchs

Inhaltsverzeichnis

1. Formalia

Klasse: 1 a

Fach: Mathematik

Thema der Stunde: Einführung der Ordnungszahlen

Stundenziel: Schülerinnen und Schüler sollen die Ordnungszahlen in ihrem bekannten Zahlenraum kennen lernen.

2. Unterrichtszusammenhang

Thema der Unterrichtseinheit: Ordnungszahlen

1. Stunde: **Einführung/Einleitung von Ordnungszahlen**
2. Stunde: Anwendung der Ordnungszahlen in verschiedenen, vielfältigen didaktischen Überlegungen
3. Stunde: Wenn sie den Zahlenraum bis 100 hatten
   Zeitliche Einordnung: Datum

3. Lernziele

Stundenziel: Schülerinnen und Schüler sollen die Schreibweise und die Formulierung von Ordnungszahlen und ihre Nutzung in ihrem bekannten Zahlenraum bis 10 kennen lernen.

Die Schülerinnen und Schüler...

TZ 1: ... kennen sich im Zahlenraum bis 10 gut aus.

TZ 2: ... können Ordnungszahlen schreiben.

TZ 3: ... können einen Satz mit Ordnungszahlen formulieren.

TZ 4: ... kennen die verschiedenen Anwendungsgebiete von Ordnungszahlen.

4. Bedingungsanalyse

Den Unterrichtsversuch habe ich in der Klasse 1 a durchgeführt. Die Klasse wird derzeit von 23 SchülerInnen, von denen zwölf weiblich und elf männlich sind, besucht. Es herrscht eine große, unaufgeforderte Hilfsbereitschaft und die SchülerInnen sind auffallend sozial, freundlich und weitestgehend nicht konkurrenzdenkend. Die Lernbereitschaft ist ebenfalls sehr hoch.

Die Kinder die mit Thema Schwierigkeiten haben werden sind..., die aus dem Schulkindergarten kommen. So auch..., die beide noch sehr verspielt sind und keine lange Konzentrationsdauer haben. Fast alle dieser Kinder schreiben Zahlen noch spiegelverkehrt, arbeiten nicht sauber und beteiligen sich auch nur selten.

Die leistungsstarken Kinder..., die durch großes Allgemeinwissen und gute Mitarbeit auffallen, werden sich zum Beispiel vielleicht den Begriff Ordnungszahlen, den ich einführe, merken. Außerdem kennen die zwei Wiederholer Lisa und Jeremy die Aufgaben schon aus dem letzten Jahr.

Den leistungsstarken Schüler und Schülerinnen könnte es zu einfach werden oder sie wären früher mit den Arbeitsblättern fertig. Um dieses Problem zu lösen habe ich viele Phasen eingebaut um neue Motivation zu schaffen und die Aufmerksamkeit zu bewahren und der Freiarbeitsordner dient als Zusatz für Kinder, die die Arbeitsblätter bearbeitet haben.

Die Klasse könnte unruhig werden, wenn ich Kinder auswähle, die nach vorne kommen sollen. Als Beruhigung sage ich ihnen, dass ich einfach nicht alle nach vorne stellen kann und sie ja trotzdem mitarbeiten können.

Unruhe kann aufkommen, wenn die Schüler und Schülerinnen mit den Arbeitsblättern beginnen sollen und einige von ihnen die Aufgaben nicht verstanden. Da könnte einer der leistungsstarken Schüler seinen Mitschülern die Aufgaben laut erklären. Dadurch käme ein Unterrichtsgespräch zustande und sie hätten sich gegenseitig geholfen.

5. Sachanalyse

Die Zahlen 1,2,3,..., die man zum Zählen verwendet, heißen natürliche Zahlen. Die Menge der natürlichen Zahlen wird mit N bezeichnet. Fügt man zu dieser Menge die 0 hinzu, so schreibt man N0. Die Verwendung natürlicher Zahlen kann zwei Ziele verfolgen:
- Es soll die Anzahl der Elemente einer Menge bestimmt werden. Sie beschreiben die Mächtigkeit von Mengen, die Anzahl ihrer Elemente.
- Es soll herausgefunden werden, welche Stelle ein Element einnimmt, wenn alle Elemente einer Menge unter bestimmten Gesichtspunkten in einer Kette geordnet wurden.

Bei 1. spricht man von der Verwendung der natürlichen Zahlen als Kardinalszahlen (Grundzahlen), bei 2. um ihre Verwendung als Ordinalzahlen (Ordnungszahlen). Natürliche Zahlen werden auch gebraucht in den Aspekten der Maßzahl, des Operators, der Rechenzahl und der Codierung.

Den Ordinalzahlaspekt benutzt man, wenn die Zahlen zum Beschreiben der Position von Elementen in einer Folge von Elementen benutzt werden. Man ordnet dabei jedem Element der Folge eine natürliche Zahl zu.

Hierbei wird jedoch nochmal unterschieden zwischen der Ordnungszahl und der Zählzahl.

Die Ordnungszahlen kennzeichnen die Reihenfolge innerhalb einer (total geordneten) Reihe.

Man benennt die Ergebnisse mit der erste, zweite, dritte und so weiter.die Zählzahlen bezeichnen auch die Reihenfolge, jeoch benutzt man hier direkt die natürlichen Zahlen in der Reihenfolge, wie sie im Zählprozess durchlaufen werden. Man benennt die Ergebnisse mit eins, zwei, drei und so weiter.

6. Didaktische Überlegungen

Das Thema der Stunde lautet „Einführung / Einleitung in die Ordnungszahlen". Das bedeutet, dass die Schüler und Schülerinnen dieser Klasse noch kein Wissen über das Thema haben.

Ein Grund der Wählung dieses Themas, dass es in den Kerncurricula vorgegeben ist.

Der Ordinalzahlaspekt wird in der ersten Klasse im Fach Mathematik gelehrt. Der Grund für das Fach Mathematik liegt darin, dass das das Fach der Zahlen und des Rechnens ist. Der Grund für die Wahl in der ersten Klasse dieses Thema zu unterrichten ist der, dass man es oft im Alltag gebraucht und deshalb so früh wie möglich erlernen sollte. Der Zeitpunkt kurz vor den Herbstferien ist gut gewählt, da sie bis zu dem Datum den Zahlenbereich bis Zehn erfasst haben. Das Thema ist leicht verständlich für diese Altersstufe, da man genug Bezüge zur Lebenswelt und zum Alltag ziehen kann und sie nicht viel Neues lernen.

Zu den Ordinalzahlen gehört auch die zeitliche Einordnung, das Datum. Dies habe ich nicht mit eingeführt, da die Kinder dieser Klasse nur den Zahlenraum bis Zehn kennen und auch nur bis zu der Zahl Sechs schreiben können.

Der Bezug von Ordnungszahlen zur Vergangenheit der Kinder liegt zum Beispiel in der Platzierung bei Wettkämpfen, an denen bestimmt schon jedes Kind teilgenommen hat.

Das Thema Ordnungszahlen spielt eine Rolle in dem aktuellen Leben der Schüler und Schülerinnen, da es in verschiedenen Bereichen seine Anwendung findet. Zum Beispiel der Stundenplan oder auch der Ablauf eines Schultages mit Hausaufgaben.

Später ist der Ordinalzahlaspekt entscheidend für viele Berufe und im alltäglichen Leben.

Durch die verschiedenen Anwendungsgebiete des Themas kann man viele Bezüge zu anderen Fächern ziehen. Zum Beispiel zum Sachunterricht durch die Reihenfolge, wie man richtig über eine Straße geht oder auch die Wichtigkeit des Punktes zum Deutschunterricht. Das Thema entspricht den motorischen Fähigkeiten der Kinder, fordert sie aber auch bei der richtigen Setzung des Punktes. Damit diese Schwierigkeit überwunden werden kann, schreiben alle die Ordnungszahlen, die genannt werden, groß in die Luft. Auch ihre Interessen werden überdeckt, wie zum Beispiel bei der Platzierung bei einem Fußballspiel oder die Anordnung von Büchern in einem Regal oder für ein Inhaltsverzeichnis.

7. Methodische Überlegungen

Die vorliegende Unterrichtsstunde führt mit verschiedenen Phasen auf das Stundenthema hin. Als Einleitung dient ein von mir verfasster Ablauf eines Morgens unter der Woche. Zur Visualisierung schreibe ich diesen auf einem A4 Blatt groß auf. Ich lese ihn den Kindern mit Betonung auf die Ordnungszahlen, die vor den Tätigkeiten stehen, vor. Darauf frage ich die Schüler und Schülerinnen, was sie am Morgen als erstes, zweites und so weiter gemacht haben. Als Alternative hätte man sie auch fragen können, was ihre Eltern an einem Morgen machen oder wie ein Morgenablauf am Wochenende aussieht. Darin wäre ein Vergleich mit einem Morgen unter der Woche enthalten. Eine andere Wahlmöglichkeit wäre, dass sich die Schüler und Schülerinnen an den jeweiligen Vierertischen über ihren Morgenablauf austauschen und einen solchen dann aufschreiben, somit hätte man eine Gruppenarbeit eingebracht. Die Ordnungszahlen würden bei dieser Methode jedoch nicht zur Geltung gekommen. Noch eine weitere Alternative könnte sein, dass man mit etwas anfängt, dass die Kinder sehen und anfassen können wie zum Beispiel die Reihenfolge in einem Bücherregal, da sie es so meist besser verstehen. Dabei kommt mir aber der Bezug zum Alltag zu kurz und es gäbe keinen Unterschied zu den darauf folgenden Phasen.

Die Erarbeitungsphase dieser Stunde soll ungefähr 25 Minuten dauern und enthält viele kurze Phasen und häufigen Phasenwechsel, da es bei einem so leicht verständlichem Thema für manche Schüler und Schülerinnen schnell zu monoton werden kann. Es dient mir auch, wenn ich Zeitdruck bekomme, da ich dann ein paar Erarbeitungsphasen weglassen könnte. Als Zeitzusatz würde ich den Freiarbeitsordner der Klasse zu ziehen. In der ersten Erarbeitungsphase sollen die Kinder die Schreibweise, die Formulierung und die Nutzung von Ordnungszahlen lernen. Ich führe den Begriff „Ordnungszahlen" ein mit der Erklärung, dass man solche Zahlen zum Ordnen gebraucht. Der Fachausdruck ist ein Zusatz für leistungsstarke Kinder dieser Klasse. Bei der Schreibweise von Ordinalzahlen ist ein Punkt notwendig. Diese Wichtigkeit erkläre ich den Kinder bei dem Vergleich von einem Punkt in einem Satz und einem Punkt bei der Eingabe einer Internetadresse. Zu den verschiedenen Bereichen der Nutzung von Ordnungszahlen befrage ich die Kinder und gebe ihnen Hinweise, wenn sie keine Ideen haben.

In der nächsten Erarbeitungsphase beziehe ich die Schüler und Schülerinnen mit ein, in dem sie sich vor der Tafel aufstellen und ich die restlichen Kinder frage, welches Kind an welcher Stelle steht. Nach ein paar Durchläufen vertausche ich die Kinder vor der Tafel und frage wieder nach den Stellen. Dadurch sollen sie lernen, dass nicht eine Person zu der Stelle gehört, sondern der Platz und es ist ein Training zur Merkfähigkeit. Zur Vertiefung der Schreibweise und Formulierung, schreiben alle zusammen die Ordnungszahl, die genannt wurde, in die Luft. Eine Alternative wäre gewesen, dass ich den Kindern Schilder mit Ordnungszahlen in die Hand gebe und sie sich selber richtig ordnen. In der Zeit wären jedoch die anderen Klassenkameraden nicht beteiligt gewesen.

Die letzte Erarbeitungsphase ist auch eine Vorbereitung für die Arbeitsblätter. An die Tafel hänge ich vier verschiedenfarbige Kreise und frage die Schüler und Schülerinnen, an welcher Stelle zum Beispiel der rote Kreis ist. Das Kind, das antwortet, soll die Ordnungszahl unter den dazugehörigen Kreis an die Tafel schreiben. Nach ein paar Minuten kehre ich die Aufgabe um. Sie müssen nun zum Beispiel den roten Kreis an die dritte Stelle hängen. Als weitere Möglichkeit könnte man anstatt den Kreisen die Steckwürfel der Kinder benutzen und sie auf die Tafel legen. Das könnte man jedoch nicht so gut sehen. Außerdem verbinden die Schüler und Schülerinnen dieser Klasse die Steckwürfel mit dem Prinzip des Zerlegens. Das Handling ist schwierig und es wäre kein richtiger Bezug zu den folgenden Arbeitsblättern vorhanden.

Zur Sicherung bekommen die Schüler und Schülerinnen drei verschiedene Arbeitsblätter für die sie ungefähr 10 Minuten Zeit haben. Sie sind kindgerecht und groß genug gestaltet. Ich lasse den Austeildienst die Blätter verteilen. Als Alternative könnte man auch drei Stapel hinlegen als Werkstallstation. Somit hätten die Kinder selbst die Verantwortung. Die Aufgaben, die sie nicht schaffen, dürfen sie in der darauf folgenden Stunde, eine Mathematik Freiarbeitsstunde, oder als Hausaufgabe bearbeiten.

Die Sozialformen dieser Unterrichtsstunde beinhalten vor allen Dingen Frontalunterricht und das gelenkte Unterrichtsgespräch. Ein Grund dafür ist, dass ich somit den Unterricht besser kontrollieren und viele Phasenwechsel einbauen kann. Würde ich mehr Unterrichtsgespräche und Gruppenarbeiten einbringen, würde viel Zeit verloren gehen. Außerdem ist den Schülern und Schülerinnen dieser Klasse das Thema Ordnungszahlen nicht bekannt. Sie könnten schnell untereinander Fehler einbauen und es würden nicht ausreichende Wiederholungen der Ordnungszahlen mündlich, wie auch schriftlich formuliert werden.

Da der Frontalunterricht den Schülern und Schülerinnen dieser Klasse nicht so bekannt ist, ist es eine Abwechslung für sie. In den späteren Stunden über Ordnungszahlen könnte man Unterrichtsgespräche und Gruppenarbeiten einführen, da sie dann mit dem Thema schon vertraut sind.

8. Verlaufsplan

Thema: Ordnungszahlen	Lernziel:	1. Begriff Ordnungszahl kennen	2. Ordnungszahlen schreiben können	3. wissen, wofür man Ordnungszahlen braucht		
Zeit	Phasen	Lehrerhandlung	Schülerhandlung	Sozialform	Medien	Bemerkungen
8.50 – 8.53 Uhr	Einleitung	Berichte von meinem Morgenablauf		Frontalunterricht	Zettel mit Morgenablauf	
8.53 – 8.55 Uhr	Hinführung	Frage: „Was hast du heute morgen als 1., als 2., usw. gemacht?"	Berichten, erzählen ihren Morgenablauf	Gelenktes Unterrichtsgespräch		

Zeit	Phase	Inhalt	Schüleraktivität	Sozialform	Medien	Bemerkungen
8.55– 9.00Uhr	Erarbeitung	Begriff Ordnungszahlen erklären, deren Schreibweise (wie und warum der Punkt so wichtig ist) und wofür man sie braucht	Sollen aufzählen, wo man Ordnungszahlen braucht / benutzt	Frontalunterricht / Gelenktes Unterrichtsgespräch	Tafel	
9.00– 9.07Uhr	Erarbeitung	4-5 Kinder vorne aufstellen „An welcher Stelle/wo steht…?"	Antworten und Ordnungszahl in die Luft schreiben (gemeinsam) Kind, das vorne steht: „Ich stehe an …Stelle"	Frontalunterricht		„Was dürfen wir nicht vergessen? Den Punkt (gemeinsam)"
9.07 – 9.11Uhr	Erarbeitung	Kinder, die vorne stehen sollen Augen zu	Antworten und Ordnungszahl in die Luft	Frontalunterricht		Stummer Impuls oder, wenn nicht draufkommen „An welcher Stelle steht

Zeit	Phase					
		machen und werden vermischt, vorher werden ihre Namen gegen Zahlen ausgetauscht	schreiben (gemeinsam) Kind, das vorne steht: „Ich stehe an ...Stelle"			Nummer....?"
09.11 – 9.16Uhr	Erarbeitung	Steckwürfel aufstellen	Sollen sagen, an welchen Stellen die verschieden farbigen Steckwürfel sind	Gelenktes Unterrichtsgespräch	Steckwürfel	Stummer Impuls
9.16 – 9.22Uhr	Erarbeitung	Murmeln an die Tafel malen „Malt die 2. Murmel blau an"	Sollen ausmalen	Frontalunterricht / Gelenktes Unterrichtsgespräch	Tafel	
9.22 – 9.35Uhr	Sicherung	Arbeitsblätter erklären	Aufgaben bearbeiten	Einzelarbeit	Arbeitsblätter mit Aufgaben zu Ordnungszahlen	

9. Die Unterrichtsnachbereitung

Das Stundenziel Formulierung, Schreibweise und Nutzung von Ordnungszahlen zu erlernen, wurde erreicht.

Die Schüler und Schülerinnen haben verschiedene Bereiche der Ordinalzahlen kennengelernt und auch die Formulierung dieser wurde richtig erfasst. Die Schreibweise, vor allen die Setzung des Punktes, wurde von wenigen Kindern noch nicht richtig ausgeführt. Dies waren besonders Kinder, die auch die Zahlen oft spiegelverkehrt schreiben.

Die Unterrichtsstunde lief, außer ein paar Minuten Verzögerung durch das Zuspätkommen einiger Kinder, nach Planung und am Verlauf orientiert. Durch die vielen, kurzen Phasen wurde der Unterricht nicht langweilig und enthielt viele Motivationen. Wenn Zeitdruck aufgekommen wäre, hätte ich eine Erarbeitungsphase weglassen können. Wäre noch Zeit übrig gewesen, hätten sich die Kinder Aufgaben aus dem Freiarbeitsordner aussuchen dürfen. Die Stunde verlief jedoch wie zeitlich eingeschätzt. Die Antworten der Schüler und Schülerinnen auf meine Fragen waren sehr hilfreich, besonders die verschiedenen Ergebnisse der Bereiche von Ordinalzahlen. Da sie alle keine erste Antwort fanden, habe ich eine Siegestreppe an die Tafel gemalt als Tipp durch dne sie sofort auf die Lösung kamen. Zwischendurch haben einige Kinder nicht richtig aufgepasst, doch wurden sofort von mir getadelt. Dass ein paar Kinder nicht ganz konzentriert waren, könnte daran gelegen haben, dass es solche Schüler waren, die generell an Konzentrationsschwäche leiden. Auch nicht gut war das Tafelbild, an dem die Kreise geklebt waren, da ein Schüler eine Ordnungszahl zu groß angeschrieben hatten und dadurch die Spalten verrutscht sind. Es wurde nur eins von zwei Arbeitsblättern[7.4.)] besprochen, weil ich sehen wollte, welches Kind es alleine rausfindet. Da viele der Kinder nicht auf die Lösung kamen, wurde es unruhig. Ein Schüler, der die Lösungen wusste, hat dann für alle nochmal laut die Aufgaben erklärt.

Wenn ich noch einmal eine Stunde über den Ordinalzahlaspekt in einer ersten Klasse unterrichten würde, würde ein paar Dinge anders machen. Als alle zusammen die Ordnungszahl, die genannt wurde, in die Luft geschrieben haben, stand ich mit dem Gesicht zu den Kindern und habe so für sie die Ordinalzahl spiegelverkehrt geschrieben. Beim nächsten Mal müsste ich es für die Schüler und Schülerinnen richtig rum schreiben. Die Kreise an der Tafel hätte ich auch besser ausmalen lassen sollen, da dadurch ein besserer Bezug zu den Arbeitsblättern[7.4.)] entstanden wäre. Einige Lehrerechos habe ich auch verwendet, die ich mir noch abgewöhnen muss. Ein weitere Veränderung muss ich in meiner Unterrichtsvorbereitung tätigen. Es passiert, dass ich zu viel von den Kindern verlange, da ich einiges von dem Thema in die Stunde mit einbringen möchte.

Es gab auch Schwierigkeiten, die ich nicht hätte lösen können. Wie zum Beispiel, dass die Schüler und Schülerinnen den Punkt nicht mehr vergessen und an die richtige Stelle schreiben, denn das bedarf der Übung. Oder auch die Aufgabe, in der die Kinder die Bälle der Größe nach ordnen sollen. Zwar hätte ich die Aufgabe vorher erklären können, doch die leistungsstarken Schüler und Schülerinnen wussten die richtige Antwort und haben es den anderen Kindern erklärt. Somit kam ein Unterrichtsgespräch auf.

Ich fühle mich erleichtert und zufrieden, dass das Stundenziel bei vielen erreicht wurde und die Stunde am Verlauf orientiert war.

Vor der Stunde war ich entspannt, aber auch erwartungsvoll, wie den Schülern und Schülerinnen die Stunde gefällt und, ob sie sich gut beteiligen.

Mein Gefühl während der Stunde war sehr neutral. Es hat mir zwar Spaß gemacht, aber ich fühlte mich weder aufgeregt, noch hatte ich Angst etwas falsch zu machen. Ich konnte mich richtig in die Lehrerrolle hineinfühlen.